四季小花坊

目　錄

簡易盆栽

圓形盆栽造型

草莓陶壺造型

吊籃造型

將花與綠植栽在同一個容器中栽培，這就是所謂的花藝盆栽，你可以將每個盆栽裝飾得瀟脫、漂亮，也可以將數種花草組合得色彩繽紛，組合方法乍看之下好像很難，其實是再簡單不過的了！

只要依著自己的感覺走，再加些許的技巧，即使是初學者也不會失敗，同時還能享受盆栽的組合樂趣，所以，現在就馬上行動吧！！

長型盆栽造型

能享受盆栽之樂的…花色別目錄

盆栽造型設計能讓各位充分享受到植物和花色的組合之樂，而爲了增進各位的組合概念和技巧，我們特別蒐集了代表性花卉，並以顏色加以區分，製成了花目錄，爲您敞開進入園藝之美的大門。

菊科一年生草本植物
花　期……10~6月
植栽期……10~3月
●北極菊的園藝種，適合放置在日照和排水良好的地方，另因其抗寒性較強，所以適合種植在花壇裡。

北極菊

胡麻葉草科
多年生草本植物
花　期……一年
植栽期……一年四季
●盛夏以外的季節，要放置於陽光充足的地方。由於貝古雪花蓮隸屬於攀緣性植物，所以是很具人氣的盆栽配角，但請注意隨時供給水分不可缺水。

貝古雪花蓮(Bacopa Snow Flake)

菊科多年生草本植物
花　期……12~5月
植栽期……3月下旬~4月
●適合放置於陽光充足的溫暖地方，由於討厭潮濕，所以當土壤表面乾硬時再澆水即可。

馬格麗特

西洋石竹科
多年生草本植物
花　期……5~8月
植栽期……3～4月、9~10月
●花朵直徑1~2cm，白色，另一別名為白花。

捲耳花

百合科球根
花　期……3~4月
植栽期……10月
●風信子花朵成穗狀，而且氣味馥郁，球根愈大，花朵就會開得愈漂亮，適合當作室內盆栽，除此之外，風信子也很適合水耕栽培。

風信子

毛茛科球根
花　期……3~5月
植栽期……9月下旬~10月
●花瓣有單瓣、半重瓣、重瓣等，且花色豐富，不過要控制水量，當花謝後，葉子變黃時，請將球根挖出。

銀蓮花

毛茛科多年生草本植物
花　期……6~8月
植栽期……3~4月
●飛燕草性喜陽光充足的地方，抗寒性強，但卻害怕夏日高溫，所以夏季時，要移置陰涼的地方。

飛燕草

水葉科一年生草本植物
花　期……3月下旬~5月
植栽期……3月~4月
●最高可長到20~30cm，適合擺在陽光充足以及排水良好的地方，亦有白色花瓣帶紫色斑點的品種。

粉蝶花

堇花科一年生草本植物
花　期……11~6月
植栽期……10~4月
●堇菜一般是將花朵約為2公分的三色堇加以區分出來，而特別命名的。另外還有具攀緣性的品種，三色堇生命力強，但需時常摘除凋謝的花朵。

堇菜

玄參科一年生草本植物
花　期……3~6月
植栽期……3~4月
●由於此花最怕雨淋，所以種植在花盆容器內，要比種在花壇中更理想，囊距花花色豐富，給人惹人疼愛的印象，性喜排水良好的土質。

囊距花

報春花科
多年生草本植物
花　期……12~4月
植栽期……2~3月、10~11月
●花期很長，而且即使在日照不足的地方，也能長期開花是其主要特徵，每天要固定澆水，避免乾燥即可。

紫色西洋櫻草

花色別目錄

百合科球根
花　期……3~4月
植栽期……10月
●風信子花朵成穗狀，而且氣味馥郁，球根愈大，花朵就會開得愈漂亮，適合當作室內盆栽，除了之外，風信子也很適合水耕栽培。

風信子

香葉草科
多年生草本植物
花期…3~7月、10~11月
植栽期……4~5月、9~10月
●性喜乾燥、涼爽的地方，所以當梅雨季節來臨時，一定要移至雨淋不到的地方，此外，冬天抗寒性差。

天竺葵

磯松科多年生草本植物
花　期……3~4月
植栽期……3、10月
●適合擺放在陽光充足、排水良好以及避免西曬的地方，因此花生命力強容易培育，所以每二年要進行一次分株作業。

海松

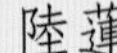

毛茛科球根
花　期……4~5月
植栽期……10~11月
●性喜陽光充足以及乾燥的地方。花色豐富，花瓣多重，是銀蓮花的近親。

陸蓮

百合科球根
花　期……3~5月
植栽期……10~12月
●品種繁多且花色花姿非常鮮豔豐富，所以能欣賞到不同的花朵風情，鬱金香的生命力強容易栽種，且性喜陽光充足的地方。

鬱金香

花蔥科一年生草本植物
花　期……4~6月
植栽期……3月、10月
●品種豐富繁多且花型也富多樣化，需置於陽光充足、排水、通風良好的地方。由於討厭潮濕環境，所以平時就要控制澆水量。

福祿考

柳穿魚草

玄参科一年草本生植物
花 期……4月下旬~6月
植栽期……3月
●只要種植在排水良好的地方，不論是日照或日陰，都能長得很健壯，很容易管理，此外其另有『姬金魚草』的別稱。

芙蓉酢漿草

酢漿草科球根植物
花 期……10~4月
植栽期……7~9月
●花期甚長，葉型也美。性喜陽光充足、排水良好的地方，當沒有陽光時，花瓣就會閉合，另外其抗寒性較強。

矮性牽牛花

茄科一年生草本植物
花 期……4~10月
植栽期……4~6月
●抗熱性強，會不斷地開花。矮性牽牛花只有紫色品種不怕淋雨，其他品種都很怕淋雨，所以要種在排水良好以及陽光充足的地方。

仙客來

報春花科球根植物
花 期……10~4月
植栽期……9月中旬~3月
●為冬季盆花的代表，購買時要儘量選擇有許多花苞者，花色相當豐富。

長壽花

景天科多肉植物
花 期……9~5月
植栽期……3~5月、9~10月
●害怕潮濕，因為根部很容易腐壞，所以種植時一定要保持土質乾燥，雖具抗寒性，但因抗霜性差，所以冬天時最好移入室內。

粉紅西洋櫻草

報春花科
多年生草本植物
花 期……12~4月
植栽期……10~3月
●抗寒性差，所以冬天時要移至室內採光良好的窗邊等，此外，缺乏陽光照射時，花色就會跟著變淡。

花色別目錄

水仙花

石蒜科球根植物
花　期……3~4月
植栽期……9~12月
●和鬱金香相較之下，水仙花是屬於秋季球根類的代表性植物，性喜日照充足以及排水良好的地方，由於討厭暑熱，所以夏季要移至樹蔭等陰涼處擺放。

黃晶菊

菊科一年生草本植物
花　期……3~6月
植栽期……3~4月
●性喜陽光充足、排水性良好的地方，由於抗耐寒性稍弱，所以早春季節裡，種植在花盆裡比種在花壇~來得理想，此外，它有橫向生長的特性。

鬱金香

百合科球根植物
花　期……3~5月
植栽期……10~12月
●品種繁多且花色花姿非常鮮豔豐富，所以能欣賞到不同的花朵風情，鬱金香的生命力強容易栽種，且性喜陽光充足的地方。

黃花柳穿魚草

玄參科一年生草本植物
花 期……4月下旬~6月
植栽期……3月
●只要種植在排水良好的地方，不論是日照或日陰，都能長得很健壯，很容易管理，此外其另有『姬金魚草』的別稱。

細裂銀葉菊

菊花科一年生草本植物
花　期……3~5月
植栽期……3月
●適合種植在排水良好的地方。由於草高不高，所以適合種植在花盆裡，至於花色方面，只有黃色，因容易招致蚜蟲，所以栽培時要多加注意。

金魚草

玄參科一年生草本植物
花　期……5~6月、10~11月
植栽期……3、9月
●由於花型特殊，所以在花壇植栽中常被使用，適合種植在排水性良好、日照充足的地方。

菊科多年生草本植物
花　期……11~6月
植栽期……3~6月、9~11月
●這是黃色的瑪格麗特，從冬天到春天都可欣賞到花朵的美姿，耐暑熱，性喜日照充足的地方。

黃花瑪格麗特雛菊

紫蘇科多年生草本植物
花　期……全年
植栽期……全季
●屬蔓性品種，一般常被種在組合盆栽的最下層，另因具匍匐性所以也適合用來覆蓋地面，心型葉片為其特徵。

野芝麻

堇花科一年生草本
花　期……11月~6月
植栽期……10月~4月
●會開大約2cm的小花，為了和三色堇區別，所以稱為堇菜屬蔓性植物，很容易栽種。但要記得將凋謝的花朵摘除，才會一直開花。

堇菜

菊科多年生草本植物
花　期……全年
植栽期……全年
●泛白的葉片，適合搭配任何的植物，它和斑葉旦川一樣，最適合種在組合盆栽的最下層，銀葉菊生長快速，所以要定時修剪，此外，銀葉菊性喜排水良好的土質。

銀葉菊

菊花科一年生草本
花　期……12~5月
植栽期……10~3月
●雖屬抗寒性強的植物，不過最好還是擺在日照充足的溫暖地方，且當土壤表面變乾後再澆水，以避免過濕。

金盞花

櫻草科多年生草本植物
花　期……5月~6月
植栽期……全年
●從明亮的日陰處到日照良好的地方皆可，夏季時因生長得特別迅速，所以要移至通風良好的地方，除了開花期之外，一般被當作觀賞葉來栽培。

珍珠菜

植栽技術手冊（長型陶花盆）

長型陶花盆，是組合盆栽容器中，最受歡迎也最容易組合的容器。

準備材料

長型陶花盆（照片為60cm大小）、專用培養土、遲效性化學肥料、中顆粒紅土石（盆底土）、土鏟、防蟲網、免洗筷。

如左圖準備花苗，高度最高的是囊距花（橘色）、第二高的荷包花（黃色）、最低的是捲耳草（綠色）等各三株。

首先，將防蟲網覆蓋住長型陶花盆的漏水孔，以防止害蟲爬入盆中。

首先如照片所示，在底部鋪上中顆粒紅土石。

接著準備培養土。將當作基肥（花苗植入時，先撒入肥料備用）的MAGAMP.K(遲效性肥料）混入土中即可。

再來便是決定植栽的位置，首先將花苗連著花盆放入陶製花盆中，以確定位置，高度最高者囊距花(橘色)擺在最後，高度最矮者捲耳草（綠色）擺在最前面。

接著就要開始種植花苗了，先將高度最高的囊距花（橘色）從花盆中取出，然後再清除過長多餘的盤根（延伸至花盆外的盤根），並將盤根弄散。

依照步驟4所確定的位置，調整土壤，讓花株置於花盆邊緣往下約2cm處，這是讓根部能平均地吸收到水份，而這就是所謂的water space（水空間）。

再來就是要種植3株囊距花（橘色），並且株與株之間要預留均等的距離，以容納成長後的花株。

接下來要種植的是荷包花。荷包花要種在囊距花的斜前方，靠近自己的這一邊，種植之際，還須摘除枯萎的花朵和葉子。

最後是種植捲耳草，要邊種植邊調整高度，捲耳草和石竹是近親，所以很適合用來當作陪襯花苗，而且對花朵來說，這些綠色份量也是最恰當的份量。

所有花苗栽種完畢之後，接下來就是將培養土倒入陶盆內，為了不讓土壤覆蓋到花朵和葉子，所以要均勻地加入花株與花株之間。

在充分加入培養土後，因苗株下部會有空隙，所以要用免洗筷子將空隙用土填滿。

長形陶花盆的組合花苗栽種就大功告成了。種植完成後，要充分澆水，並放置在無風明亮的日陰處，待2~3天後，在移至雨淋不到且陽光充足的地方即可。

植栽技術手冊

（圓型陶花盆）

圓型陶花盆的栽種方式，大致可分成兩種。第一種方式是將高度最高的植物種在正中央，而後再種成同心圓狀（四面皆可欣賞），另一種方式則是屬於正面欣賞型，即高度高的植物要種在後方，高度矮的植物則種在前方。

準備材料

圓型陶花盆和花苗（培養土等材料請參照P8長型陶花盆），高度最高的植物是馬格麗特一盆（三株）、中間一層是柳穿（三株）、最下層是瓜葉菊（三株）以及綠色的蔓性日日春。

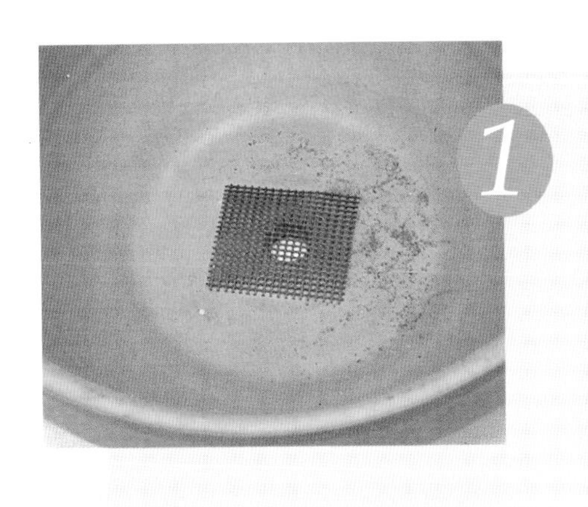

1

首先，將防蟲網覆蓋住長型陶花盆的漏水孔，以防止害蟲爬入盆中，此步驟不可省略。

2

接下來是放置中顆粒紅土石，以促進排水功能，由於圓型陶花盆的底部較深，所以請鋪上兩層的厚度。

3

放入培養土，在土上撒上一撮遲效性化學肥料，再充分攪拌均勻即可。

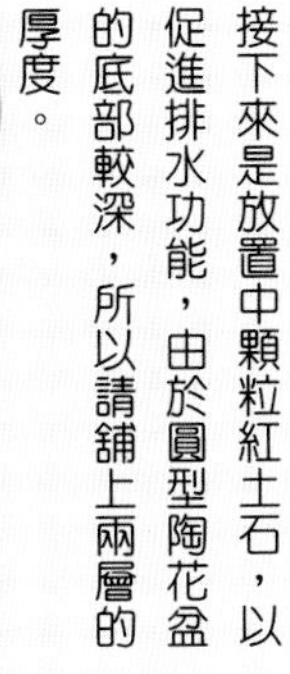

4

將馬格麗特植入花盆的中心處，而為了營造水能滯留的空間，所以要將花株調整到花盆邊緣往下1~2㎝的地方。

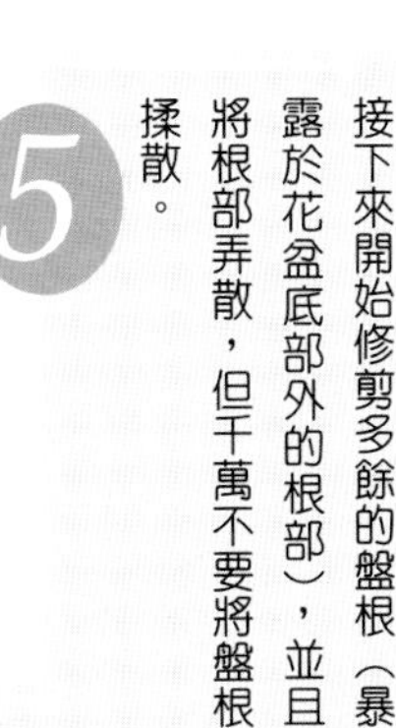

5

接下來開始修剪多餘的盤根（暴露於花盆底部外的根部），並且將根部弄散，但千萬不要將盤根揉散。

6

在馬格麗特的四周，植入三株桃紅柳穿魚草。三株柳穿魚草要呈正三角形狀，均衡地配置。

調整三株柳穿魚草為一樣的高度，因盤根部分較小，所以要添加土壤以調整高度。其次還要預留瓜葉菊的種植空

接著種植瓜葉菊，種在柳穿魚草外圍，呈倒三角形。

最後種的是蔓性日日春，由於日日春的葉株很大，所以可用手直接分成三等份，而且經過分株後的根部比較容易伸展。

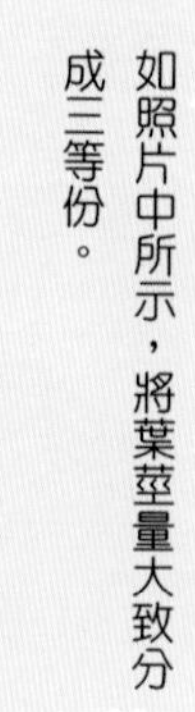

如照片中所示，將葉莖量大致分成三等份。

將蔓性日日春均等地種植在圖8的瓜葉菊之間。

由於蔓性日日春，具有向下垂的特性，所以除了要減輕葉子的重量之外，在植入的同時，根部要加以緊壓，以免葉株搖晃不穩固。

由於圓型陶花盆的表面積較大，所以要用手輕輕地邊將土壤表面抹平邊輕壓。

當所有花苗都栽種完畢後，接下來就是補土的工作了，這是讓根部能充分生長和伸展很重要的作業。

接著再用免洗筷子在土壤中插洞，以緊縮紮實土壤間的空間。

完成

所有的栽種步驟都完成後，澆入足夠的水分，並放置在風吹不到的明亮日陰處2~3天，由於圓形盆栽的四面皆可欣賞，所以要選個好地方擺設。

植栽技術手冊（草莓型陶壺）

草莓陶壺就如其名，原本是用來種植草莓的容器，而有趣的外型是其主要特徵，它除了外型像壺之外，側邊像口袋的開孔，十分地可愛，因可將植栽種於開孔處，所以亦很適合當作組合盆栽的容器使用，不過要注意的是，其所填入的土壤也出其意外地多，而不論是用來栽種草莓或用來裝飾環境都是很不錯的選擇。

準備材料

草莓陶壺（高約50cm，共有六個開口）、藍雛菊兩株、利文斯敦雛菊三株、蔓櫻草三株以及貝古雪花蓮三株

（培養土等材料請參閱P8的長型陶花盆）。

1

首先，將防蟲網覆蓋住草莓陶壺的側邊底部排水孔，以防止害蟲爬入。

2

接下來放入中顆粒紅土石，以促進排水功能，盆底土可使用市售輕石等，份量約鋪成三層厚。

3

將土壤和肥料混勻。肥料請選購MAGAMP.K等遲效性化學肥料為佳。此外，要注意一定要混合均勻。

4

接著，將調勻的培養土倒入陶壺內，土量約至最下層開孔處，高度約2公分左右。

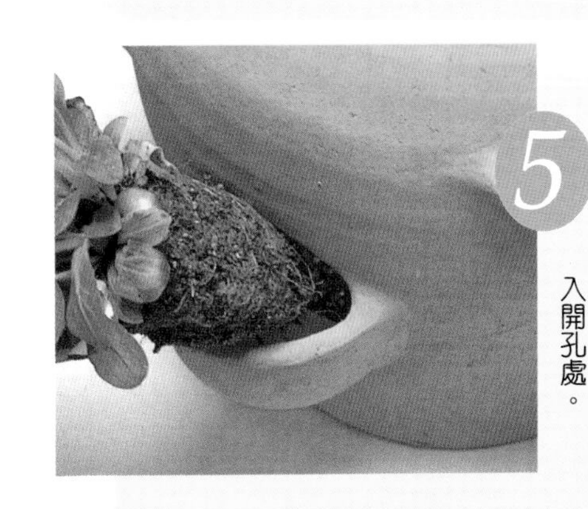

5

最下層的開孔處植入蔓櫻草。植入前，要稍微將盤根（從花盆往外伸展的根部）四周弄鬆修剪，如此一來根部就比較容易塞入開孔處。

6

塞入後的花株，其根部要用手從陶壺內側輕輕的往內拉，讓花株塞滿開孔處，葉子自然露出盆外即可。

7

同樣地將剩餘的兩株蔓櫻草植入下層開孔處，由於草莓壺很大，所以植入葉量多的植物，出奇意外地感覺非常平衡。

8

接著倒入足夠的培養土，土量為最上層開孔處往下2㎝的厚度。

9

如圖所示將利文斯敦雛菊植入最上層的開孔處，由於開孔處大小的限制，在植入之前，要根據開孔處大小加以修剪盤根，以方便塞入。

10

植入之後，再舖上一層培養土，並配合種於壺口處植物的盤根高度，將花種在壺口往下2㎝處。

11

將藍雛菊植入上面的壺口，並適量地去除藍雛菊的盤根下部，同時弄鬆盤根，但要注意，不要用揉搓方式，當壺口種植高度較高的植物時，開孔處就要種植具份量的植物，這樣才會有均衡的整體感。

接著將貝古雪花蓮種在藍雛菊的旁邊，而為了調整貝古雪花蓮與藍雛菊的高度，所以要添加足量的培養土。

由於草莓壺的深度較深，所以要用較長的筷子將土撥到中間，這樣一來，土壤之間就會緊實，沒有空隙。

最後，將三株貝古雪花蓮均衡地種植在藍雛菊的四周。

所有花苗全部栽種完畢之後，接下來就是要補足培養土，邊用手撥開各株植物，邊注意葉子和花不要被土壤覆蓋住了，來補足培養土。

接下來，再用較長的筷子將土壤撥到中間來，讓土壤更為紮實，如果土壤不夠紮實的話，澆水時水分就很容易從土中流失，而變得容易乾燥。

旁邊的開孔處，也要確實地添加培養土，好讓植物穩固不會搖晃。

用筷子將土壤往開孔處的~處塞，邊注意不要傷了根部，邊將土塞入，另外要確認土與土之間沒有空隙。

具量感的草莓壺盆栽便大功告成了，然後充分澆水，放置在光線充足的半日陰處2~3天。

植栽技術手冊（吊籃）

吊籃是在籃子（籠子）中種植植物，而後掛在牆壁等處，或從上方往下吊，這是能在高處欣賞美麗花朵的植栽方式，因能充分活用下垂性質的植物，故能充分表現出動感來。

準備材料

塑膠吊籃、海棉、椰子纖維、刮刀（培養土等材料，請參照P8長型陶花盆）。

植物有矮性牽牛花六株和麥蒿菊兩株。

1

在吊籃側面的切口處(開口大的地方)，從內側貼上海棉膠，由於海棉部份是植苗的地方，所以要確實地貼好。

2

海綿露出的背膠部分，因為很黏所以要抹上泥土。

3

接著用刮刀，將椰子纖維適量的從外側塞入細縫中。

4

將椰子纖維往內側拉，椰子纖維的主要目的就是為了遮住塑膠籃框。

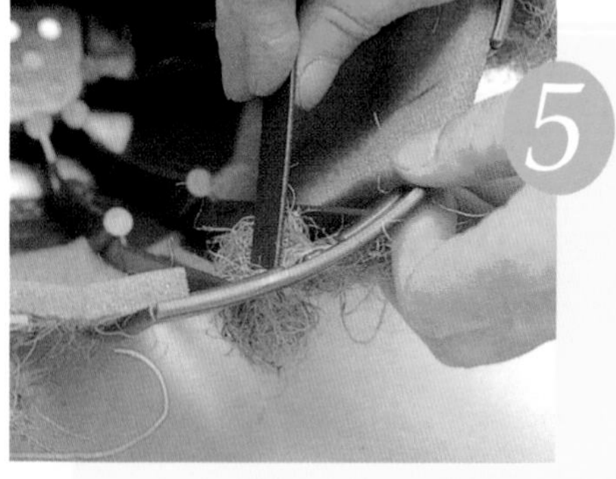

5

而後再用刮刀將內側的椰子纖維往外側細縫塞出。

6

如照片所示，可看到椰子纖維塞住籃框縫隙，而從表面可看見吊籃的塑膠面被隱藏得很好。

重複3~5步驟，用椰子纖維塞滿吊籃的所有細縫，如此一來，植栽容器便完成了，可開始植栽植物了。

首先，舖上一層中顆粒紅土石，這樣一來，不僅可留下排水的小孔，同時還不需使用防蟲網。

將矮性牽牛花從盆中取出，植入前端，根部先去除少許土塊，因為這樣根部比較容易塞入海綿膠切縫中。

兩手抓著矮性牽牛花花株，穿過海綿膠切縫，然後左右兩手同時往向下移，如此便可保持花株呈水平不歪斜。

其他海棉膠切縫部分，同樣地穿過兩株矮性牽牛花，形成橫向一列，而後填入混有基肥的培養土，以遮掩盤根（伸出花盆以外的根部）。

12

盤根下方要充分填入土壤，並用筷子以不傷害根部為原則，紮實土壤間的空隙。

13

將麥蒿菊花株小心地塞入側面海綿膠切縫內，以不傷害花株為原則，用兩手將麥蒿菊植栽於矮性牽牛花上面。

14

上面開口直直地往上種植三株矮性牽牛花。

15

全部栽種完畢之後，接著再從上填補培養土，作業過程中要注意葉子和花朵不可覆蓋到土壤，還有不可傷害到側面的植物。

16

填補土壤完畢後，再用筷子將土往內撥。

17

準備水苔。水苔是將生長在濕原上的綠藻，加以乾燥而成的，保濕性很高且透氣性佳。（照片為乾燥狀態）。

水苔一定要浸水後，再充分擰乾使用。水苔可吸取比自己重10倍以上的水。

將水苔鋪在土壤表面上，可有效保濕、防止土質乾裂，鋪水苔時要埋在花株與花株之間，以覆蓋住培養土的分量為基準。

完成

雖然只種了兩種花，但因矮性牽牛花花朵碩大美麗，所以能塑造出漂亮的吊籃來，種植完畢後的2~3天要充分澆水，並置於風吹不到的明亮日陰處。

◎請務必牢記　隨時都可加以運用的技術

以下要為各位介紹的是，能應用在任何植物的植栽技術和管理要點。

A、植栽苗株的處理方法

1

從花市買回來的苗株，由於根部已充分地往外擴張，所以要從花盆中取出會比較困難，這時可敲打花盆周圍，如此就能輕易地將苗株取出，千萬不可用硬拔方式拔出，而除了可敲打花盆周圍之外，也可敲打盆身。

2

如果將根部茂盛糾結的苗株直接植栽的話，根部很難和新土融合，所以要剪除根部下部約5/2的部分以及多餘的土塊，這樣一來，在植入新土後，根部就會馬上適應土質並繼續生長。

3

將花苗從花盆或塑膠套中取出後，拔除盤根下部多餘的根部以及土塊，如此一來，根部就會比較容易生長擴展，這方法幾乎適用於各類花苗。

4

如果是栽種在吊籃中時，為了能由上往下順利地通過容器切口，方便苗株植入，要適當地清除將苗株根部，苗株莖部約要露出1~2cm。

5

當要種植的盆栽苗株過多時，就會破壞了整體均衡感，這時就必須將苗株分成2~3株來栽種，例如照片中的蔓性日日春，便分成三株來種植，蔓性日日春主要是當作綠色觀葉植物來使用。

在種植苗株時，一旦發現苗株的葉子枯黃，就要馬上拔除，除此之外，在栽種完畢後，如果發現了已經凋謝的花朵時，也要連著花梗（花莖）一起摘除。

B、植栽後的澆水

花苗栽種完成後，要馬上澆水，為了去除附著在花朵和葉子上的泥土污垢，要由上往下整個灑水。

至於澆水量，要充分澆水，直到水從盆底的漏水孔流出為止。

摘除凋謝花朵的正確方法 1

光是摘除花瓣部分是不對的，而要如照片所示地，連著花梗整個摘除，而摘除花朵的最大目的，就是為了防止其結果（結籽），所以一定要仔細地摘除凋謝的花朵。

摘除凋謝花朵的正確方法 2

如果是屬於花莖上只綻放一朵花的植物品種，當花朵凋謝後，就必須連同花莖整個摘除，因為當花朵凋謝時，其任務也就功成身退了，唯有連著花莖一起摘除，養分才能移轉至下一朵花朵上，也就比較容易開花。

除了要養成摘除凋謝花朵的習慣之外，對於枯黃的葉子也要加以摘除，而除了肉眼看得見的枯葉和凋謝的花朵之外，還要隨時做好預防病蟲害的工作。

絕不會失敗的盆栽組合25選

只要能在植物的組合上，運用你的感覺並下功夫的話，就能創造出漂亮又引人入勝的盆栽來，以下所要介紹的是可運用於四季的盆栽目錄25選。

此盆栽的設計主題是重瓣鬱金香，而後再使用藍色系列的花朵來做搭配，如果陪襯的花朵顏色能與主題花朵顏色成對比色系的話，那主體花朵將更為醒目。

植栽的花株……鬱金香（P4）、粉蝶花（P3）、牛舌草、三色菫（P3）。

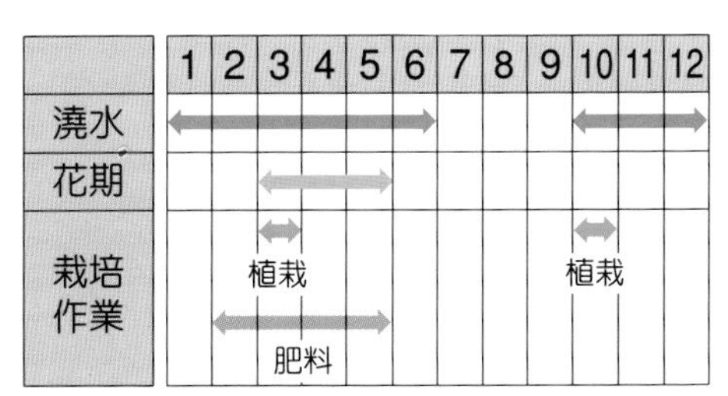

	1	2	3	4	5	6	7	8	9	10	11	12
澆水	↔	↔	↔	↔	↔	↔				↔	↔	↔
花期			↔	↔	↔							
栽培作業			植栽							植栽		
		肥料	肥料	肥料	肥料							

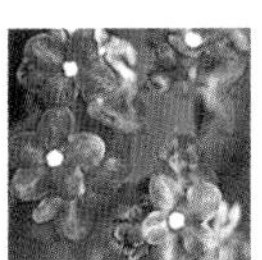

牛舌草

以原種系的黃鬱金香為主題花，然後下方再搭配夕霧草，正中央則種植海蔥花，而鬱金香的花瓣會往外擴展為其主要特徵。

植栽的花株……鬱金香（P6）、海蔥花、夕霧草。

海蔥花

夕霧草

	1	2	3	4	5	6	7	8	9	10	11	12
澆水	↔	↔	↔	↔	↔	↔				↔	↔	↔
花期			↔	↔	↔							
栽培作業		植栽								植栽		
		肥料	肥料	肥料	肥料							

此一盆栽是將鬱金香、藍雛菊、香雪球三種花株組合而成的，香雪球因會綻放開出一小團一小團，小而密的花朵，所以是很重要的陪襯花材，搭配上色彩豐富的鬱金香，真可說是非常高妙的組合。

植栽的花株……鬱金香（P4）、藍雛菊、香雪球。

	1	2	3	4	5	6	7	8	9	10	11	12
澆水	←→	←→	←→	←→	←→					←→	←→	←→
花期			←→	←→	←→							
栽培作業			植栽							植栽		
		肥料	肥料	肥料	肥料							

藍雛菊　香雪球

這是以小水仙花為主題花，再搭配以三色堇和芙蓉酢漿草而成迷你小盆栽，由於此作品的花形大小統一，所以就只有在高度上做變化，充分展現了小花們栩栩如生的華麗感。

植栽的花株……水仙花（P6）、三色堇（P3）、芙蓉酢漿草（P5）。

	1	2	3	4	5	6	7	8	9	10	11	12
澆水	←→	←→	←→	←→	←→					←→	←→	←→
花期			←→	←→	←→							
栽培作業										植栽		
		肥料	肥料	肥料	肥料							

以高度較高、花朵碩大的水仙為主題花，四周再以小花和綠葉來裝飾，而為了充分展現水仙花的高佻感，所以要使用小且深的花器，然後四周再搭配下垂型植物，更具效果。

植栽的花株……水仙花（P6）、夕霧草、珍珠菜（P7）。

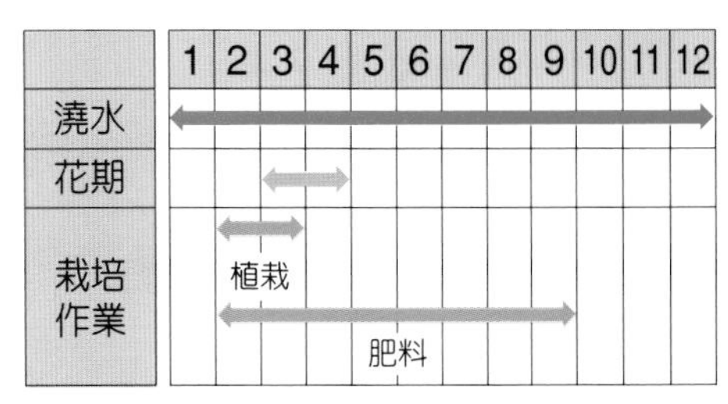

	1	2	3	4	5	6	7	8	9	10	11	12
澆水	↔	↔	↔	↔	↔	↔	↔	↔	↔	↔	↔	↔
花期			↔	↔								
栽培作業（植栽）		↔	↔									
栽培作業（肥料）		↔	↔	↔	↔	↔	↔	↔	↔			

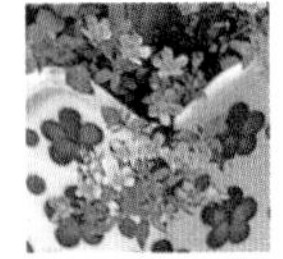

夕霧草

將瑪格麗特和花朵小而密集的白色香雪球相搭配，感覺非常地清爽嬌嫩，而在搭配同色系的花朵時，只要在高度上稍作變化，就能營造出高雅的美感來，最下層可植入少許的常春藤做點綴。

植栽的花株……瑪格麗特（P2）、香雪球、常春藤。

	1	2	3	4	5	6	7	8	9	10	11	12
澆水	↔	↔	↔	↔	↔	↔	↔	↔	↔	↔	↔	↔
花期	↔	↔	↔	↔								↔
栽培作業（植栽）			↔	↔						↔	↔	
栽培作業（肥料）			↔	↔	↔	↔	↔	↔	↔	↔	↔	

香雪球

常春藤

	1	2	3	4	5	6	7	8	9	10	11	12
澆水	←	—	—	—	—	—	—	—	—	—	—	→
花期			←	—	—	→						
栽培作業			← 植栽	→								
			←	—	—	肥料	—	—	—	→		

四株紫紅柳穿魚草，均等地種在花盆後方位置，前則植入馬格麗特和金盞花，以營造出可愛的氣氛，而金盞花給人一種鮮豔橘色的深刻印象。

植栽的花株…馬格麗特（P2）、柳穿魚草（P5）、金盞花（P7）。

此作品是以大紅色高人氣的「紅天竺葵」為主題花，所搭配而成色彩鮮豔的盆栽，另外還均衡地栽種了金蓮花、矮性牽牛花以及蔓性日日春，以展現此盆栽的高雅整體美。

植栽的花株…天竺葵（P4）、金蓮花、矮性牽牛花（P5）、蔓性日日春。

金蓮花

	1	2	3	4	5	6	7	8	9	10	11	12
澆水	←	—	—	—	—	—	—	—	—	—	—	→
花期				←	—	—	—	—	—	—	→	
栽培作業			←	植栽	—	→						
			←	—	—	肥料	—	—	—	→		

蔓性日日春

	1	2	3	4	5	6	7	8	9	10	11	12
澆水	↔	↔	↔	↔	↔	↔	↔	↔	↔	↔	↔	↔
花期				↔	↔	↔	↔	↔	↔	↔	↔	
栽培作業			↔ 植栽	↔	↔							
				↔	↔	↔	↔ 肥料	↔	↔	↔		

這是將大量的紅色系天竺葵，種在長型木製花盆中，以展現量感的作品，而下垂的麥桿菊，則巧妙地襯托出高高筆直的天竺葵，展現出高低差的視覺美感。

植栽的花株…天竺葵（P4）、長壽花（P5）、麥桿菊。

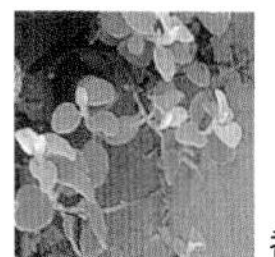

香雪球

將北極菊和和黃雛為主題花卉，然後再組合囊距花、黃花瑪格麗特、海松、銀葉菊。黃花與白花的對比組合中，點綴以少量的粉紅色，感覺非常地華麗。

植栽的花株…北極菊(P.2)、黃晶菊（P.7)、黃花瑪格麗特（P.7)、海松（P.4)、銀葉菊（P.7）囊距花（P.3)。

	1	2	3	4	5	6	7	8	9	10	11	12
澆水												
花期												
栽培作業			植栽	肥料								

這是使用了三色銀蓮花、勿忘草和野芝麻的組合盆栽，華麗的銀蓮花搭配了可人的勿忘草，真是再配不過的了，至於銀蓮花則選擇了單瓣和複瓣的組合。

植栽的花株…銀蓮花（P3)、勿忘草、野芝麻（P7)。

	1	2	3	4	5	6	7	8	9	10	11	12
澆水												
花期												
栽培作業			植栽	肥料						植栽		

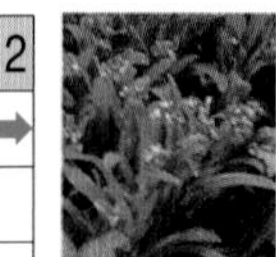
勿忘草

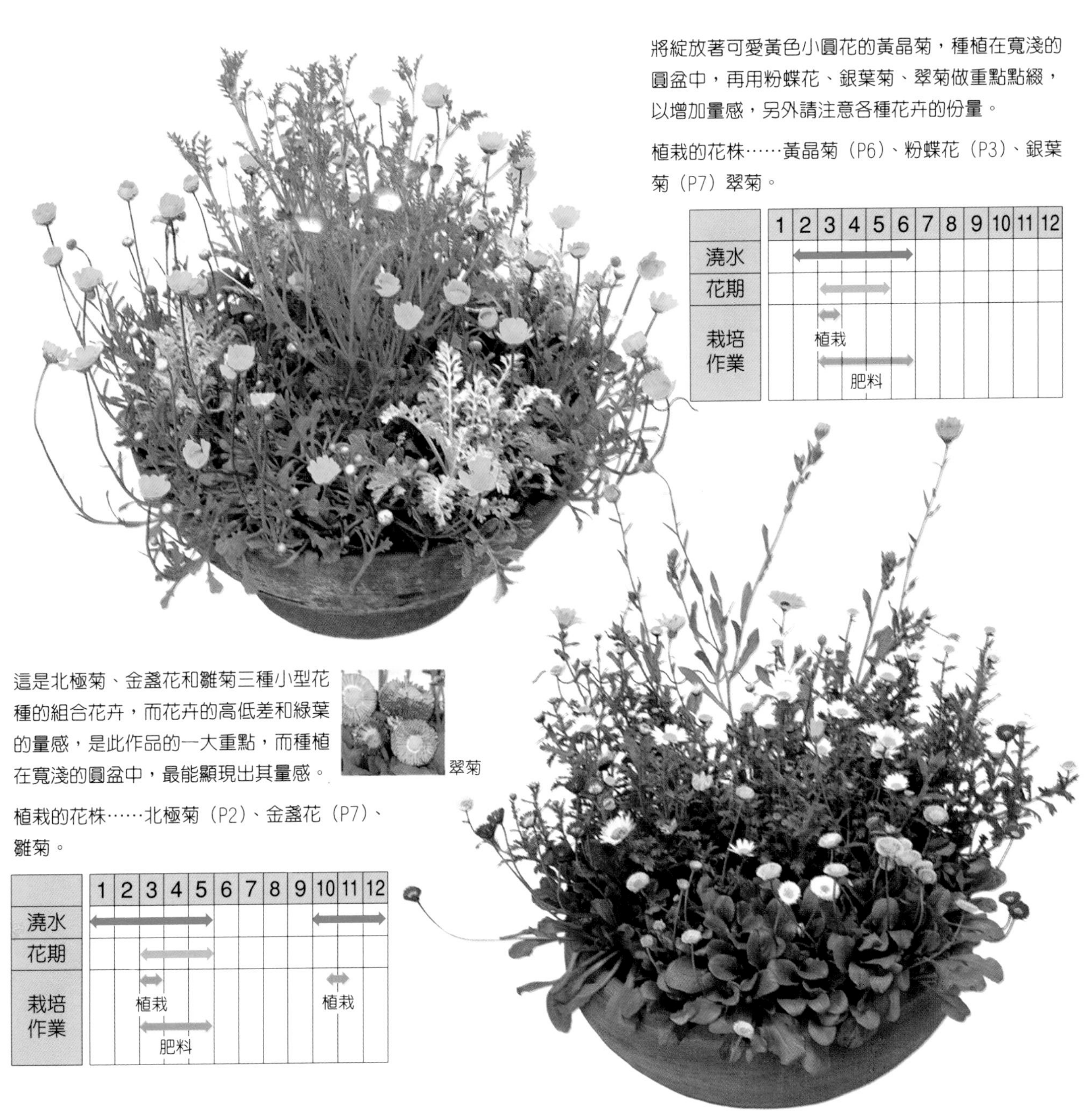

將綻放著可愛黃色小圓花的黃晶菊，種植在寬淺的圓盆中，再用粉蝶花、銀葉菊、翠菊做重點點綴，以增加量感，另外請注意各種花卉的份量。

植栽的花株……黃晶菊（P6）、粉蝶花（P3）、銀葉菊（P7）翠菊。

	1	2	3	4	5	6	7	8	9	10	11	12
澆水												
花期												
栽培作業			植栽	肥料								

這是北極菊、金盞花和雛菊三種小型花種的組合花卉，而花卉的高低差和綠葉的量感，是此作品的一大重點，而種植在寬淺的圓盆中，最能顯現出其量感。

翠菊

植栽的花株……北極菊（P2）、金盞花（P7）、雛菊。

	1	2	3	4	5	6	7	8	9	10	11	12
澆水												
花期												
栽培作業			植栽	肥料							植栽	

這是一盆華麗的粉紅風信子組合盆栽，周邊則搭配以蔓性花忍和香雪球，以營造出量感，尤其是若種植在圓型陶盆中，更易展現出其特點。

植栽的花株…風信子（P4）、蔓性花忍、香雪球。

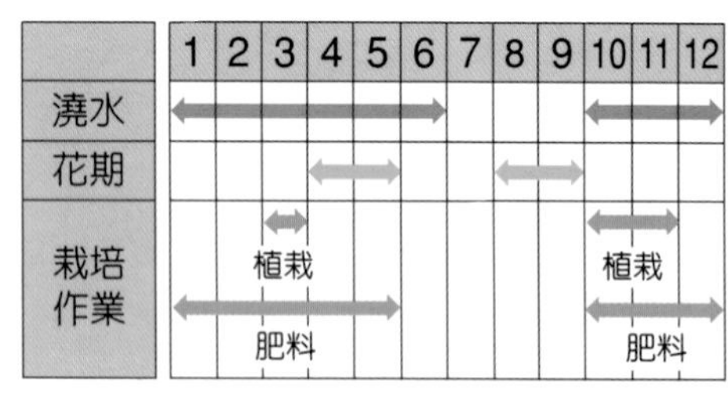

	1	2	3	4	5	6	7	8	9	10	11	12
澆水	↔	↔	↔	↔	↔	↔				↔	↔	↔
花期				↔	↔			↔	↔			
栽培作業 植栽			↔							↔	↔	
栽培作業 肥料	↔	↔	↔	↔	↔					↔	↔	↔

蔓性花忍

風信子

這是利用白色和紫色風信子，來展現出簡潔明亮感的盆栽組合，而後面黃花柳穿魚草更凸顯對比感，前方點綴的貝古雪花蓮，營造出一股頑皮可愛的氣氛。

植栽的花株…風信子（P2）、黃花柳穿魚草（P6）、貝古雪花蓮（P2）。

	1	2	3	4	5	6	7	8	9	10	11	12
澆水	↔	↔	↔	↔	↔	↔				↔	↔	↔
花期			↔	↔	↔							
栽培作業 植栽			↔							↔		
栽培作業 肥料		↔	↔	↔	↔	↔						

這是巧妙地以數種玫瑰花為主題花卉的組合盆栽，下層部分則搭配了貝古雪花蓮，因實際上只使用了兩種花卉，所以較易管理，不過要注意病蟲害。單瓣的迷你玫瑰近似於原種玫瑰，而多瓣迷你玫瑰則比原種玫瑰更帶著一股古典氣息。

植栽的花株…迷你玫瑰、貝古雪花蓮。

	1	2	3	4	5	6	7	8	9	10	11	12
澆水	↔	↔	↔	↔	↔	↔	↔	↔	↔	↔	↔	↔
花期				↔	↔	↔						
栽培作業			↔ 植栽							↔ 植栽	↔ 植栽	
			↔	↔	↔	↔	↔ 肥料	↔	↔	↔	↔	

迷你玫瑰

這是粉色迷你玫瑰花、紫色風鈴草、白色小花貝古雪花蓮以及捲耳花的組合盆栽。主題花卉是迷你玫瑰，而風鈴草、雪花蓮、捲耳花則為搭配花卉，而栽種在造型陶花盆中，非常地契合。

植栽的花株……迷你玫瑰、風鈴草、貝古雪花蓮（P2）、捲耳花（P2）。

	1	2	3	4	5	6	7	8	9	10	11	12
澆水	↔	↔	↔	↔	↔	↔	↔	↔	↔	↔	↔	↔
花期				↔	↔	↔						
栽培作業			↔ 植栽							↔ 植栽	↔ 植栽	↔ 植栽
			↔	↔	↔	↔	↔ 肥料	↔	↔	↔	↔	

迷你玫瑰

風鈴草

這是以高高的姬百合為主題花卉，周圍可搭配非洲雛菊、白邊燭光草，此組合盆栽非常適合栽種在日式花盆中，由於日式花盆的排水功能不及其他花盆，所以要注意不要過濕了。

植栽的花株……姬百合、非洲雛菊、白邊燭光草。

姬百合

非洲雛菊

白邊燭光草

	1	2	3	4	5	6	7	8	9	10	11	12
澆水	←→	←→	←→	←→	←→	←→	←→	←→	←→	←→	←→	←→
花期						←→	←→					
栽培作業			植栽						植栽	植栽		
			肥料	肥料	肥料	肥料	肥料	肥料	肥料			

這是櫻桃鼠尾草為主題花卉，再搭配以斑紋綠葉以及紅葉植物的熱鬧組合盆栽，長長往上延伸的櫻桃鼠尾草給人很華麗的感覺。

植栽的花株……櫻桃鼠尾草、銀邊翠、彩葉草、白紋草。

櫻桃鼠尾草

銀邊翠

彩葉草

白紋草

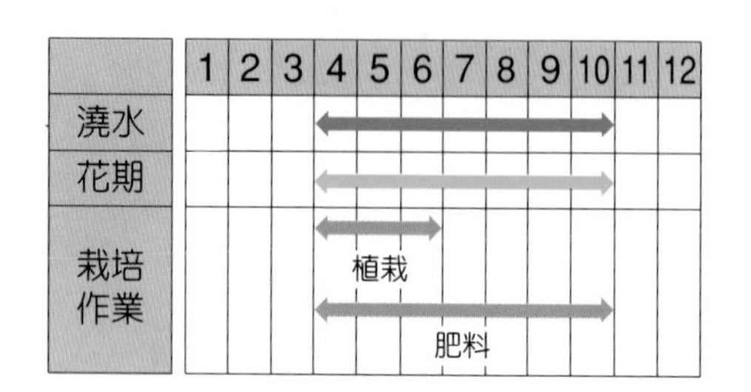

	1	2	3	4	5	6	7	8	9	10	11	12
澆水				←→	←→	←→	←→	←→	←→	←→		
花期				←→	←→	←→	←→	←→	←→	←→		
栽培作業				植栽	植栽	植栽						
				肥料	肥料	肥料	肥料	肥料	肥料	肥料		

這是以紫色仙客來搭配以黃色西洋櫻草，顏色對比明顯的組合盆栽，並再點綴以細裂銀葉菊和雪荔，色彩非常地鮮明華麗，由於此作品的花期很長，可從冬天欣賞到春天。

植栽的花株……仙客來（P5）、西洋櫻草、細裂銀葉菊（P7）、雪荔。

	1	2	3	4	5	6	7	8	9	10	11	12
澆水	↔	↔	↔	↔	↔					↔	↔	↔
花期	↔	↔	↔	↔								
栽培作業	↔	↔ 植栽	↔							↔	↔ 植栽	↔
	↔	↔ 肥料	↔	↔							↔	↔ 肥料

西洋櫻草

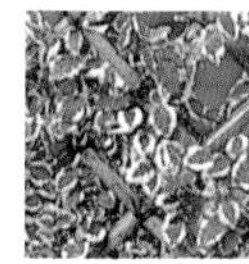

雪荔

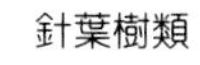

針葉樹類

金錢草

這是仙客來搭配以針葉樹類、常春藤、金錢草的組合盆栽，筆直的針葉樹和下垂的常春藤形成了鮮明的對比，而中間巧妙搭配的仙客來，讓盆栽更顯生動。

植栽的花株…仙客來（P5）、針葉樹類、常春藤（P31）、金錢草。

	1	2	3	4	5	6	7	8	9	10	11	12
澆水	↔	↔	↔	↔	↔	↔	↔	↔	↔	↔	↔	↔
花期	↔	↔	↔	↔	↔						↔	↔
栽培作業			↔ 植栽							↔	↔ 植栽	
		↔	↔	↔	↔	↔	↔ 肥料	↔	↔	↔	↔	

此作品是以紫色、黃色、粉紅色等鮮豔色系所組成的花卉盆栽，而色彩的配置和綠色份量是其組合重點，下半部種植黃晶菊，並以向外傾斜的種植方式，讓其呈現下垂感。

植栽的花株…紫色西洋櫻草（P3）、多花櫻草、黃晶菊（P6）。

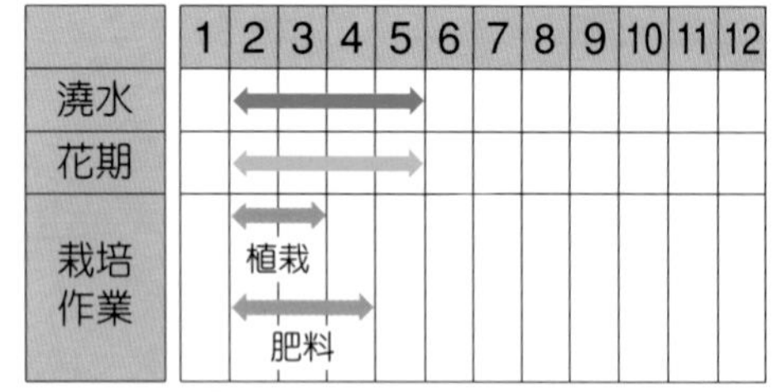

	1	2	3	4	5	6	7	8	9	10	11	12
澆水		←	—	—	→							
花期		←	—	—	→							
栽培作業		← 植栽	→									
		← 肥料	—	→								

多花西洋櫻草報春花

英國西洋櫻草

茱莉安西洋櫻草

丹堤西洋櫻草

這是將3種不同品種的西洋櫻草加以組合的盆栽，由於花形小數量多，所以給人淘氣俏麗的感覺，且只要在高度上稍作變化，就能展現每朵花的獨特個性。

植栽的花株…英國西洋櫻草、茱莉安西洋櫻草、丹堤西洋櫻草。

	1	2	3	4	5	6	7	8	9	10	11	12
澆水	←	—	—	—	—	—	—	—	—	—	—	→
花期			←	→								
栽培作業		← 植栽	→							← 植栽	→	
		←	—	—	—	— 肥料	—	—	—	—	→	

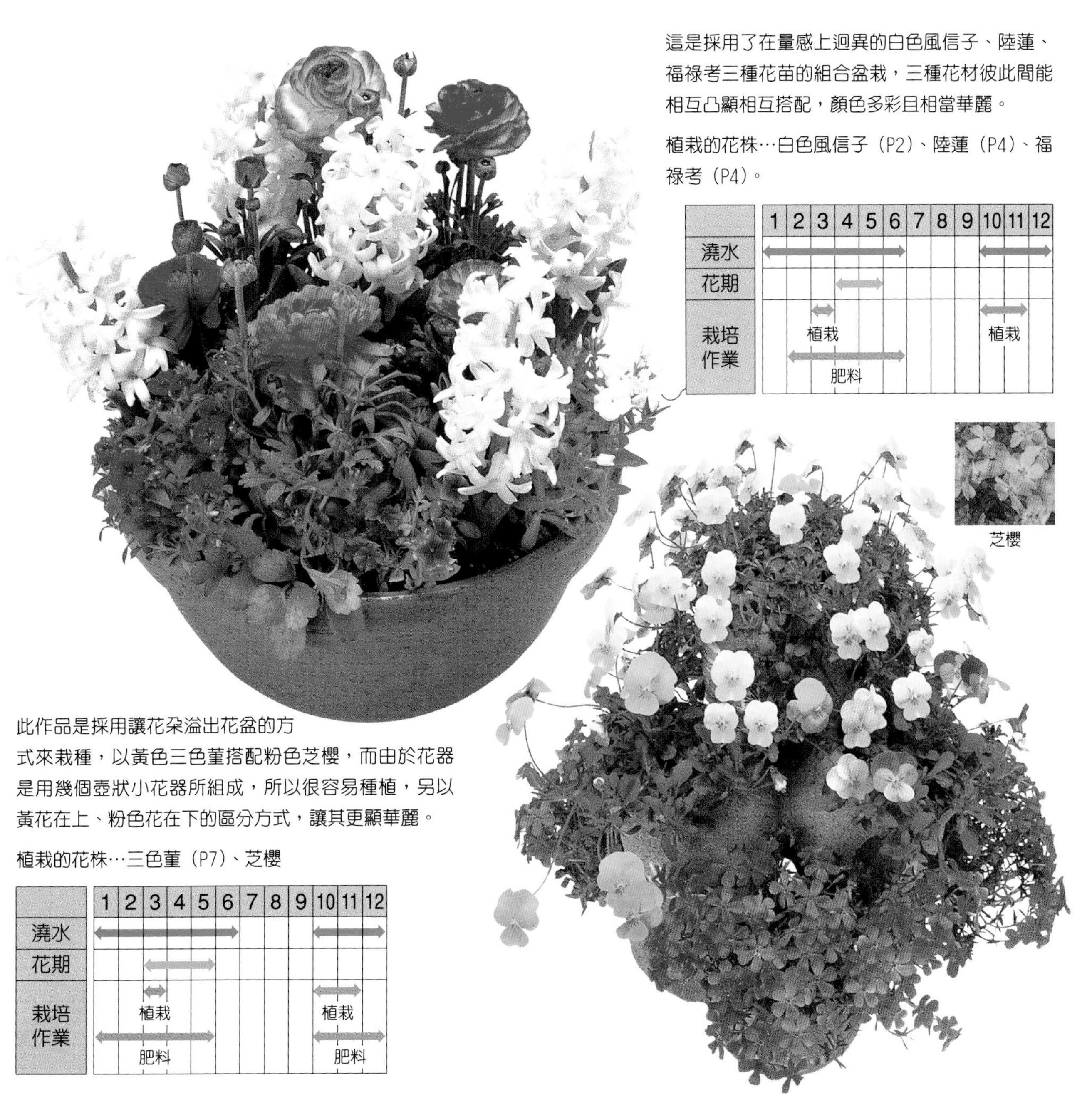

這是採用了在量感上迥異的白色風信子、陸蓮、福祿考三種花苗的組合盆栽，三種花材彼此間能相互凸顯相互搭配，顏色多彩且相當華麗。

植栽的花株…白色風信子（P2）、陸蓮（P4）、福祿考（P4）。

	1	2	3	4	5	6	7	8	9	10	11	12
澆水	↔	↔	↔	↔	↔	↔				↔	↔	↔
花期				↔	↔							
栽培作業（植栽）			↔ 植栽							↔	↔ 植栽	
栽培作業（肥料）		↔	↔	↔ 肥料	↔	↔						

芝櫻

此作品是採用讓花朵溢出花盆的方式來栽種，以黃色三色堇搭配粉色芝櫻，而由於花器是用幾個壺狀小花器所組成，所以很容易種植，另以黃花在上、粉色花在下的區分方式，讓其更顯華麗。

植栽的花株…三色堇（P7）、芝櫻

	1	2	3	4	5	6	7	8	9	10	11	12
澆水	↔	↔	↔	↔	↔	↔				↔	↔	↔
花期			↔	↔	↔							
栽培作業（植栽）			↔ 植栽							↔ 植栽	↔	
栽培作業（肥料）	↔	↔	↔ 肥料	↔	↔					↔	↔ 肥料	↔

一目了然的四季花色別屬性

組合盆栽時最重要的是花色的搭配，而近年來，因品種的改良，在花朵花色方面也增加了不少的選擇，當你已經決定好主題花卉後，接下來就是搭配花卉的花色選擇了！現在我們就以四季別來分別介紹2種類組合盆栽。

春天是一年中花朵種類最多的季節。
現就使用春季代表花卉鬱金香和馬格麗特，來譜出春之戀！

以粉色花為主題花卉時

主題花卉……鬱金香

搭配花卉……翠菊、香雪球、三色堇

☆主題花卉粉色鬱金香栽種在後方，接著栽種翠菊，而小花香雪球則當作下草栽種在下層，其實只要在粉色系中做濃淡變化，就能營造出春天的景象。

鬱金香

翠菊

香雪球

三色堇

以白花為主題花卉

主題花卉……瑪格麗特

搭配花卉……福祿考、山梗菜

☆白花是基本色，不論和什麼花色搭配都可以，但若要突顯白色主題花卉的話，要搭配花色鮮豔的小花，而選擇粉色福祿考和藍色的山梗菜，會給人清爽的感覺，白花的組合盆栽會讓感受到春天氣息。

馬格麗特

福祿考

山梗菜

夏天，就要種植色彩鮮豔的花卉！
可選用夏天的代表花卉花煙草、美女櫻、矮性牽牛花。

以紅花為主題花卉時

主題花卉……花煙草
搭配花卉……美女櫻、矮性牽牛花
☆將鮮豔的紅色系花卉集結在一起，這是為了不辜負夏日陽光的大膽組合盆栽，另外也可搭配白、紫、黃等色系的花材，會給人生氣勃勃的感受，但要注意花色不可過濃，以及花朵的大小和份量。

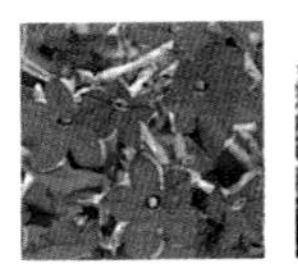
花煙草

美女櫻

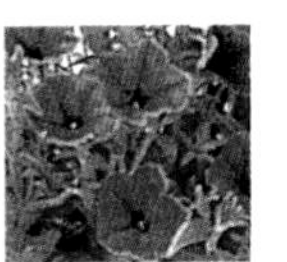
矮性牽牛花

以藍色~藍紫色花朵為主題花卉時

主題花卉……藍花鼠尾草
搭配花卉……萬壽菊、潤葉半支蓮
☆夏季藍花的代表性花卉是藍花鼠尾草、因具高度，所以搭配了高度較低的黃色潤葉半支蓮和萬壽菊，亦可搭配同色系的花卉，會給人一種很單純的感覺。

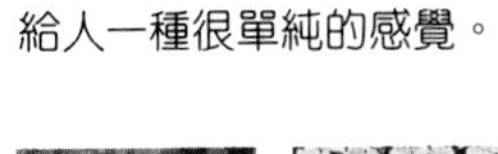

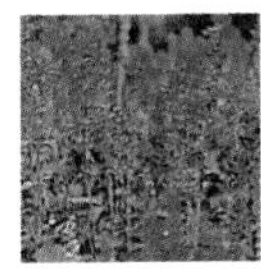
藍花鼠尾草

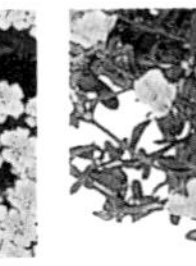
萬壽菊

潤葉半支蓮

秋

秋天的代表色就是紅色和黃色，所以不妨使用雞冠和萬壽菊，來展現秋天的感覺，而高低差能讓色彩變化更耀眼。

以紅花為主題花卉

主題花卉……雞冠花

搭配花卉……萬壽菊、皇帝菊（美蘭菊）

☆這是能展現雞冠花獨特質感的組合盆栽，搭配以黃色的萬壽菊和皇帝菊，更加凸顯色調的組合，另外要儘可能地擺放在陽光充足的地方。

雞冠花

萬壽菊

皇帝菊

以黃色~橘色花為主題花卉時

主題花卉……盆栽菊

搭配花苗……黃花波斯菊、矮性牽牛花

☆盆栽菊是日本的菊花經過國外品種改良而成的新品種菊花，不但花色繁多，而且栽培容易，而在兩種黃色系菊花中，搭配以紫色的矮性牽牛花，栽種時，不要以混雜方式的栽種，而是要有秩序的排列種植，以互相襯托出更鮮豔的質感。

盆栽菊

黃花波斯菊

矮性牽牛花

早春花卉會在略帶著寒氣的二月開始綻放，這時最受歡迎的花卉是西洋櫻草和三色堇，而且它們花色也很多，在此建議初學者不妨挑戰看看！

以粉紅色花為主題花卉時

主題花卉……西洋櫻草

搭配花卉……香雪球、翠菊

☆此作品選用的是成群成群小花綻放的西洋櫻草品種，而後再搭配以粉紅色的香雪球以及白色翠菊，而讓人感受到一股春天即將到來的氣息，這可說是一盆惹人憐愛的組合盆栽。

西洋櫻草

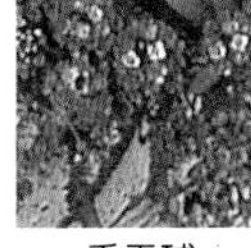
香雪球

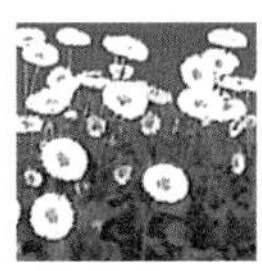
翠菊

以白色花為主題花卉時

主題花苗……白色紫蘿蘭

搭配花苗……愛麗佳、南十字星花

☆紫蘿蘭的白色略帶有鮮奶油的顏色，所以和什麼樣的色系都很契合，如在南十字星花的周遭種植紫白色蘿蘭，下層部分則種植有著粉紅色小花的愛麗佳，會在盆栽的色彩更加分明。

紫蘿蘭

愛麗佳

南十字星花

這個時候你該怎麼辦？

疑難雜症Q＆A

現在我們要回答的是，
混合盆栽在管理上的各種問題！

花兒才綻放，馬上就凋謝了，這是為什麼呢？

花兒凋謝的最大原因，是因為澆水過多導致根部腐爛所致，而塑膠製容器因排水性差，所以根部很容易引起腐爛，基本上當土壤確實乾燥時，才給予足夠的水……關於這點要牢記在心喔！當然還是得依據植物品種的喜好不同而定，有些還正好相反，總之，在栽種前要先充分了解該植物的性質，否則無法做有效的管理。

八大植物病蟲害

蟑　　螂	飛行性害蟲，必須定期噴灑除蟲劑。
介殼蟲	一發現就得馬上撲殺。
壁蝨類	在葉背上灑上水分來預防。一發現蹤跡馬上噴灑藥劑。
溫室粉蝨	定期噴灑藥劑，防止粉蝨產卵以及滋生成蟲。
毛毛蟲	不需噴灑藥劑，只要用竹筷子等工具將毛毛蟲拿除即可。
蕃茄粉蟲病	放置在通風良好的地方即可預防。如果感染時，要灑藥劑驅蟲。
灰色黴菌病	時常摘取凋謝的花朵，即可預防，感染時灑藥劑即可。
軟腐病	治癒機率渺茫，所以最好是整株拔除。

反之，當澆水量不足時，也是會發生同樣的問題，因為植物如果沒有水，也就沒也有生氣，所以澆水一事絕不可倦怠。

另外還要注意病蟲害，請隨時觀察葉片背面的變化，並提起花盆，確定花盆底部沒有蟲子附著，一旦發現蟲子，就要馬上撲殺，或噴灑藥劑驅蟲。

再來就是可能得到了蕃茄粉蟲病、灰色黴菌病等病蟲害，等確認病因後再儘早處理，如果病情嚴重時，建議整個拔除為佳。

若放在室外或即使剛除蟲完畢，馬上又發生蟲害時，該怎麼辦？

從自然保護觀點來看，我們並不建議使用除蟲劑，但在這種情況，要預防也只能使用除蟲劑了。

定期為植物噴灑除蟲劑，就能預防害蟲接近，但在噴灑除蟲劑時，一定要準備手套、護目鏡、口罩等，以避免不慎吸入殺蟲劑造成身體上的危害。

除此之外，還有一種較為安全的"滲透性殺蟲劑"。但它對大體積的毛毛蟲等無法達到驅蟲的效果，這時就只好用免洗筷子仔細的將一隻隻害蟲揪出撲殺了！

當使用的是大型花盆時，而要減少重量，底部應塞哪些東西呢？

以下要介紹的方法，是使用深花盆栽培草花，最常利用的方法。

首先將2~3cm塊狀大小的保麗龍弄碎，在栽種前放入花盆的底部，上面再放上中顆粒紅玉土，而僅留下能讓栽種植物充分伸展的空間。

以草莓陶花盆為例子來說，中央塞入柱狀保麗龍，如此一來花盆就會變輕，但在栽種時就會變得比較困難，而管理起來也比較費功夫，所以初學者我們並不建議使用。

保力龍會讓花盆的排水性和肥料功能惡化，所以管理起來比較麻煩。

將柱狀保麗龍塞入草莓型創意陶花盆中央處，就能減輕重量。

吊籃要吊在哪裡，最有效果呢？

吊籃如不頻繁地澆水是不行的，所以一定要選擇水分滴下來也沒關係的地方。

還有吊籃中放有培養土，所以在頻繁的澆水下，當然就會有相當的重量，故要隨時注意吊籃會不會掉下來。

至於吊掛的地方，要選在視線焦點處或是想要讓視線延伸的地方，因此如果你沒有招牌樹時，就做個招牌吊籃吧！你可懸掛在廊下、玄關以及陽台等地方，或從室內透過窗戶可觀賞到的地方。

懸掛在屋內樓梯口、玄關、陽台處更具觀賞效果，但要注意不會掉落才行。

組合盆栽的基本工具

花盆&吊籃

近年來，市面上出現了各式各樣的花盆，讓人目不暇給，
以下所要介紹的是，即使是初學者也很容易使用的花盆和吊籃。

最受歡迎且容易使用的長型陶花盆

種植高度高的植物，也能平衡的四方形花盆

適合裝飾庭院牆角的三角形陶花盆

從哪個角度都能觀賞的圓形花盆

能讓牆壁更華麗的壁掛式掛籃

近年來很受歡迎的吊籃